中华人民共和国水利部

水利工程设计概（估）算编制规定

建设征地移民补偿

水利部水利建设经济定额站　主编

中国水利水电出版社
www.waterpub.com.cn

图书在版编目（CIP）数据

水利工程设计概（估）算编制规定. 建设征地移民补偿 / 水利部水利建设经济定额站主编. -- 北京：中国水利水电出版社，2015.2（2024.4重印）
ISBN 978-7-5170-2983-0

Ⅰ．①水… Ⅱ．①水… Ⅲ．①水利工程－设计－概算编制－中国 Ⅳ．①TV512

中国版本图书馆CIP数据核字（2015）第032355号

书　　名	水利工程设计概（估）算编制规定 建设征地移民补偿
作　　者	水利部水利建设经济定额站　主编
出版发行	中国水利水电出版社 （北京市海淀区玉渊潭南路1号D座　100038） 网址：www.waterpub.com.cn E-mail：sales@mwr.gov.cn 电话：（010）68545888（营销中心）
经　　售	北京科水图书销售有限公司 电话：（010）68545874、63202643 全国各地新华书店和相关出版物销售网点
排　　版	中国水利水电出版社微机排版中心
印　　刷	清淞永业（天津）印刷有限公司
规　　格	140mm×203mm　32开本　3.25印张　82千字
版　　次	2015年2月第1版　2024年4月第7次印刷
印　　数	20001—21000册
定　　价	39.00元

水 利 部 文 件

水总〔2014〕429号

水利部关于发布《水利工程设计概（估）算编制规定》的通知

部直属各单位，各省、自治区、直辖市水利（水务）厅（局），各计划单列市水利（水务）局，新疆生产建设兵团水利局，武警水电指挥部：

为适应经济社会发展和水利建设与投资管理的需要，进一步加强造价管理和完善定额体系，合理确定和有效控制水利工程基本建设项目投资，提高投资效益，由我部水利建设经济定额站组织编制的《水利工程设计概（估）算编制规定》已经审查批准，现予以发布，自发布之日起执行。

本次发布的《水利工程设计概（估）算编制规定》包括工程部分概（估）算编制规定和建设征地移民补偿概（估）算编制规定。2002年发布的《水利工程设计概（估）算编制规定》、2009年发布的《水利水电工程建设征地移民安置规划设计规范》（补偿投资概（估）算内容）同时废止。

工程部分概（估）算编制规定与现行《水利建筑工程概算定额》、《水利水电设备安装工程概算定额》等定额配套使用。

本次发布的编制规定由水利部水利建设经济定额站负责解释。在执行过程中如有问题请及时函告水利部水利建设经济定额站。

附件：1.《水利工程设计概（估）算编制规定》（工程部分）

2.《水利工程设计概（估）算编制规定》（建设征地移民补偿）

中华人民共和国水利部

2014 年 12 月 19 日

主编单位　水利部水利建设经济定额站

参编单位　黄河勘测规划设计有限公司

　　　　　长江勘测规划设计研究有限责任公司

审　　查　刘伟平　王治明

主　　编　陈　伟　潘尚兴　姚玉琴

副 主 编　王晓峰　齐美苗　冯久成

编　　写　冯久成　姚玉琴　朱春芳　王鄂豫

　　　　　李宝山　刘卓颖　庞旭东　金明良

　　　　　袁永岭　王鲜苹　张军伟　郑　轩

　　　　　付　征

目　　录

初步设计概算

投资估算

初 步 设 计 概 算

第一章 编制依据、原则及基本资料

第一节 编制依据

(1) 国家有关法律、法规。主要包括《中华人民共和国水法》《中华人民共和国土地管理法》《中华人民共和国森林法》《中华人民共和国草原法》《中华人民共和国文物保护法》和《大中型水利水电工程建设征地补偿和移民安置条例》等。

(2) 各省（自治区、直辖市）颁布的《〈中华人民共和国土地管理法〉实施办法》等有关规定。

(3)《水利水电工程建设征地移民安置规划设计规范》(SL 290—2009)。

(4) 行业标准及有关部委的其他有关规定。

(5) 有关征地移民实物调查和移民安置规划等设计成果。

(6) 有关协议和承诺文件。

第二节 编制原则

(1) 征地移民补偿补助标准必须执行国家及省（自治区、直辖市）的有关法律法规。国家有明确规定的执行国家规定，国家无规定的可执行省（自治区、直辖市）有关规定。

(2) 征地移民补偿投资概（估）算采用的价格水平应与枢纽工程相同。

(3) 征地移民涉及的不同专业工程项目单价，应采用相关专业的概（估）算编制办法、标准和定额计算或采用类比综合单位指标；征用耕地复垦单价采用相关省（自治区、直辖市）人民政府的规定，没有规定的，应按耕地复垦设计成果确定。

（4）征地移民补偿投资概算必须以征地移民实物调查成果和移民安置规划设计成果为基础。

（5）征地移民涉及的农村、城（集）镇基础设施建设、工业企业处理和专业项目处理以及防护工程建设，应按照原规模、原标准或者恢复原功能的原则计列补偿投资。凡结合迁建或防护需要提高标准、扩大规模增加的投资，不列入建设征地移民补偿投资。对不需要或难以恢复或改建的工业企业和专业项目，可给予合理的补偿。

（6）有关部门利用水库水域发展兴利事业所需投资，应按"谁投资、谁受益"的原则，由有关部门自行承担，不列入征地移民补偿投资。

（7）单位或者个人使用未确定使用权的国有土地，原则上不予补偿。

（8）各设计阶段征地移民补偿投资概（估）算的编制工作，应由编制征地移民安置规划的设计单位负责。凡委托有关专业设计单位承担的规划设计和编制的补偿投资（包括资产评估成果），均应由编制移民安置规划的设计单位进行审核后，再纳入征地移民补偿总投资。

第三节 基本资料

（1）涉及县（市）近三年的统计资料、乡级统计报表、农调队调查成果，各类耕地的耕作制度、农作物种植结构及单位面积的主、副产品产量。

（2）涉及县（市）及其以上政府价格主管部门发布的农、林、牧、副、渔主产品及副产品收购价格，建设主管部门公布的各类人工工资、交通运输、能源、主要建筑材料等基础价格资料。

（3）国家有关行业标准、规定、概预算编制办法、定额和造价管理资料。

（4）地方政府颁布的有关征地拆迁补偿的法规和概预算编制办法、定额和造价管理资料。

（5）涉及省（自治区、直辖市）已建、在建水利水电工程征地移民的补偿标准、单价等方面资料。

（6）有关征地移民实物调查和移民安置规划等设计成果。

（7）工程施工总进度计划，移民实施进度总计划与年度计划。

（8）有关协议和承诺文件。

第二章　概算文件组成

概算文件包括编制说明、概算表、概算附表及附件。

第一节　编制说明

一、编制原则和依据

(1) 概算编制原则和依据。

(2) 主要农产品价格的采用依据。

(3) 人工、主要材料和机械台班等基础单价的计算依据。

(4) 采用的标准、定额、费率和计算方法。

(5) 有关税费的计算依据和标准。

二、单价分析

说明耕地、林地、房屋、基础设施等主要项目的单价分析方法和结果。

三、征地移民补偿投资计算

说明补偿投资计算时采用的工程量、工作量、实物数量的确定原则及主要结果。

四、投资主要指标

投资主要指标包括农村、城（集）镇、工业企业、专业项目、防护工程、库底清理、其他费用、预备费、有关税费等各部分投资及占总投资的比例，征地移民补偿总投资，农村移民人均投资等。

五、其他需要说明的问题

应从价格变动、实物量变化、补偿项目及其工程量调整、政策性变化等方面进行详细分析，说明初步设计阶段与可行性研究阶段（或可行性研究阶段与项目建议书阶段）相比较的投资变化原因和结论，并列表对比分析。列表内容包括：

（1）投资对比表。

（2）实物量对比表。

（3）主要工程项目和工程量对比表。

（4）基础单价、主要材料和设备价格对比表。

第二节 概算表、概算附表及附件

一、概算表

（1）征地移民补偿投资概算总表。

（2）征地移民补偿投资概算分项汇总表。

（3）征地移民补偿投资分项概算表。

（4）征地移民分年度投资计划表。

二、概算附表及附件

（1）主要项目补偿单价汇总表。

（2）主要农产品价格和建筑材料预算价格汇总表。

（3）土地亩产值及补偿补助单价计算表。

（4）房屋等建筑工程（补偿）单价分析表。

（5）农村居民点新址征地及基础设施建设投资计算表（书）。

（6）集镇迁建新址征地及基础设施建设投资计算表（书）。

（7）城镇迁建新址征地及基础设施建设投资计算表（书）。

（8）工业企业迁建补偿费计算表（书）。

（9）专业项目恢复改建补偿投资计算表（书）。

（10）防护工程建设补偿投资计算表（书）。

（11）有关协议和承诺文件。

第三章　项目划分

第一节　项目组成

（1）征地移民补偿投资概算应包括农村部分、城（集）镇部分、工业企业、专业项目、防护工程、库底清理、其他费用以及预备费和有关税费。

（2）农村部分、城（集）镇部分、工业企业、专业项目、防护工程、库底清理、其他费用等，应根据具体工程情况分别设置一级、二级、三级、四级、五级项目。

第二节　农村部分

农村部分包括征地补偿补助，房屋及附属建筑物补偿，居民点新址征地及基础设施建设，农副业设施补偿，小型水利水电设施补偿，农村工商企业补偿，文化、教育、医疗卫生等单位迁建补偿，搬迁补助，其他补偿补助，过渡期补助。

一、征地补偿补助

征地补偿补助包括征收土地补偿和安置补助、征用土地补偿、林地园地林木补偿、征用土地复垦、耕地青苗补偿等。

二、房屋及附属建筑物补偿

房屋及附属建筑物补偿包括房屋补偿、房屋装修补助、附属建筑物补偿。

三、居民点新址征地及基础设施建设

居民点新址征地及基础设施建设包括新址征地补偿和基础设施建设。

（1）新址征地补偿应包括征收土地补偿和安置补助、青苗补偿、地上附着物补偿等。

（2）基础设施建设包括场地平整和新址防护、居民点内道路、供水、排水、供电、电信、广播电视等。

四、农副业设施补偿

农副业设施补偿包括行政村、村民小组或农民家庭兴办的榨油坊、砖瓦窑、采石场、米面加工厂、农机具维修厂、酒坊、豆腐坊等项目。

五、小型水利水电设施补偿

小型水利水电设施补偿包括水库、山塘、引水坝、机井、渠道、水轮泵站和抽水机站，以及配套的输电线路等项目。

六、农村工商企业补偿

农村工商企业补偿包括房屋及附属建筑物、搬迁补助、生产设施、生产设备、停产损失、零星林（果）木等项目。

七、文化、教育、医疗卫生等单位迁建补偿

文化、教育、医疗卫生等单位迁建补偿包括房屋及附属建筑物、搬迁补助、设备、设施、学校和医疗卫生单位增容补助、零星林（果）木等项目。

八、搬迁补助

搬迁补助包括移民及其个人或集体的物资，在搬迁时的车船运输、途中食宿、物资搬迁运输、搬迁保险、物资损失补助、误工补助和临时住房补贴等。

九、其他补偿补助

其他补偿补助包括移民个人所有的零星林（果）木补偿、鱼塘设施补偿、坟墓补偿、贫困移民建房补助等。

十、过渡期补助

过渡期补助包括移民生产生活恢复期间的补助。

农村部分项目划分见表 3-1。

表 3-1 农村部分项目划分表

序号	一级项目	二级项目	三级项目	四级项目	五级项目	技术经济指标
1	征地补偿补助					
1.1		征收土地补偿和安置补偿				
1.1.1			耕地			
				水田		元/亩
				水浇地		元/亩
				旱地		元/亩
				……		
1.1.2			园地			

序号	一级项目	二级项目	三级项目	四级项目	五级项目	技术经济指标
				果园		元/亩
				茶园		元/亩
				桑园		元/亩
				橡胶园		元/亩
				……		
1.1.3			林地			
				经济林		元/亩
				用材林		元/亩
				竹林		元/亩
				疏、灌木林		元/亩
				苗圃		元/亩
				……		
1.1.4			草地			
				天然草地		元/亩
				人工牧草地		元/亩
				……		
1.1.5			水域及水利设施用地			
				坑塘水面		元/亩
				……		
1.1.6			其他用地			
				设施农业用地		元/亩
				田坎		元/亩
				……		

序号	一级项目	二级项目	三级项目	四级项目	五级项目	技术经济指标
			......			
1.2		征用土地补偿				
1.2.1			耕地			
				水田		元/亩
				水浇地		元/亩
				旱地		元/亩
				......		
1.2.2			园地			
				果园		元/亩
				茶园		元/亩
				桑园		元/亩
				橡胶园		元/亩
				......		
1.2.3			林地			
				经济林		元/亩
				用材林		元/亩
				竹林		元/亩
				疏、灌木林		元/亩
				苗圃		元/亩
				......		
1.2.4			草地			
				天然草地		元/亩

序号	一级项目	二级项目	三级项目	四级项目	五级项目	技术经济指标
				人工牧草地		元/亩
				……		
1.2.5			其他用地			
				设施农业用地		元/亩
				……		
			……			
1.3		林地、园地林木补偿				
			林地林木补偿			
				经济林		元/亩
				用材林		元/亩
				……		
			园地林木补偿			
				果园		元/亩
				茶园		元/亩
				桑园		元/亩
				橡胶园		元/亩
				……		
1.4		征用土地复垦				

序号	一级项目	二级项目	三级项目	四级项目	五级项目	技术经济指标
1.4.1			耕地			
				水田		元/亩
				水浇地		元/亩
				旱地		元/亩
				……		
1.4.2			园地			
				果园		元/亩
				茶园		元/亩
				桑园		元/亩
				橡胶园		元/亩
				……		
			……			
1.5		耕地青苗补偿				
			耕地			
				水田		元/亩
				水浇地		元/亩
				旱地		元/亩
				……		
			……			
2	房屋及附属建筑物补偿					

序号	一级项目	二级项目	三级项目	四级项目	五级项目	技术经济指标
2.1		房屋补偿				
2.1.1			主房			
				框架结构		元/m²
				砖混结构		元/m²
				砖木结构		元/m²
				土木结构		元/m²
				窑洞		元/m²
				……		
2.1.2			杂房			
				砖混结构		元/m²
				砖木结构		元/m²
				土木结构		元/m²
				窑洞		元/m²
				……		
2.2		房屋装修补助				
2.3		附属建筑物补偿				
2.3.1			围墙			
				砖(石)围墙		元/m、元/m²

序号	一级项目	二级项目	三级项目	四级项目	五级项目	技术经济指标
				土围墙		元/m、元/m²
				混合围墙		元/m、元/m²
2.3.2			门楼			元/个、元/m²
2.3.3			水井			元/个
			……			
3	居民点新址征地及基础设施建设					
3.1		新址征地补偿				
3.1.1			征收土地补偿和安置补助			
3.1.1.1				耕地		
					水田	元/亩
					水浇地	元/亩
					旱地	元/亩
					……	
3.1.1.2				园地		
					果园	元/亩
					桑园	元/亩
					茶园	元/亩

序号	一级项目	二级项目	三级项目	四级项目	五级项目	技术经济指标
					……	
				……		
3.1.2			耕地青苗补偿			
				水田		元/亩
				旱地		元/亩
				水浇地		元/亩
				……		
3.1.3			地上附着物补偿			
			……			
3.2		基础设施建设				
3.2.1			场地平整			
				挖土方		元/m³
				填土方		元/m³
				石方		元/m³
				……		
3.2.2			新址防护			
				挖土方		元/m³
				填土方		元/m³
				石方		元/m³
				浆砌石护坡		元/m³
				……		

序号	一级项目	二级项目	三级项目	四级项目	五级项目	技术经济指标
3.2.3			居民点内道路			
				主街道		元/m
				支街道		元/m
				巷道		元/m
				……		
3.2.4			供水			
				供水管道		元/m
					……	
				机电井		元/个
				……		
3.2.5			排水			
				排水沟(管)		元/m
					……	
				……		
3.2.6			供电			
3.2.6.1				线路		
					……	
3.2.6.2				变压器		
					……	
3.2.7			电信			
				线路		
					……	
				设施、设备		

序号	一级项目	二级项目	三级项目	四级项目	五级项目	技术经济指标
					……	
3.2.8			广播电视			
				线路		
					……	
				设施、设备		
					……	
4	农副业设施补偿					
			榨油坊			元/个
			砖瓦窑			元/个
			采石场			元/个
			……			
5	小型水利水电设施补偿					
			水库			元/个、元/m³
			山塘			元/个、元/m³
			……			
6	农村工商企业补偿					
6.1		房屋及附属物				

序号	一级项目	二级项目	三级项目	四级项目	五级项目	技术经济指标
			房屋补偿			
				主房		
					框架结构	元/m²
					砖混结构	元/m²
					……	
				杂房		
					砖木结构	元/m²
					土木结构	元/m²
					……	
			房屋装修补助			
			附属物补偿			
				围墙		元/m、元/m²
				门楼		元/个、元/m²
			……			
6.2		搬迁补助				
			人员搬迁			
			流动资产搬迁			
6.3		生产设施				
6.4		生产设备				

序号	一级项目	二级项目	三级项目	四级项目	五级项目	技术经济指标
6.5		停产损失				
6.6		零星林(果)木补偿				
			果木			元/株
			林木			元/株
7	文化、教育、医疗卫生等单位迁建补偿					
7.1		房屋及附属建筑物补偿				
			房屋补偿			
				主房		
					框架结构	元/m²
					砖混结构	元/m²
					……	
				杂房		
					砖木结构	元/m²
					土木结构	元/m²
					……	
			房屋装修补助			
			附属物补偿			

序号	一级项目	二级项目	三级项目	四级项目	五级项目	技术经济指标
				围墙		元/m、元/m²
				门楼		元/个、元/m²
			……			
7.2		搬迁补助				
				人员搬迁		元/人
				流动资产搬迁		
7.3		设施补偿				
7.4		设备搬迁补偿				
7.5		学校和医疗卫生单位增容补助				元/人
7.6		零星林(果)木补偿				
			果木			元/株
			林木			元/株
8	搬迁补助					
			车船运输			元/人
			途中食宿			元/人
			物资搬迁运输			

序号	一级项目	二级项目	三级项目	四级项目	五级项目	技术经济指标
		物资损失				
		搬迁保险				元/人
		误工补助				元/人
		临时住房补贴				
9	其他补偿补助					
9.1		零星林(果)木补偿				
9.1.1			果木			元/株
9.1.2			林木			元/株
9.2		鱼塘设施补偿				
			……			
9.3		坟墓补偿				
			单棺			元/个
			双棺			元/个
9.4		贫困移民建房补助				
		……				
10	过渡期补助					元/人

第三节 城（集）镇部分

城（集）镇部分均应包括房屋及附属建筑物补偿、新址征地及基础设施建设、搬迁补助、工商企业补偿、机关事业单位迁建补偿、其他补偿补助等。

一、房屋及附属建筑物补偿

房屋及附属建筑物补偿包括移民个人的房屋补偿、房屋装修补助、附属建筑物补偿等项目。

二、新址征地及基础设施建设

新址征地及基础设施建设包括新址征地补偿和基础设施建设。

（1）新址征地补偿包括土地补偿补助、房屋及附属建筑物补偿、农副业设施补偿、小型水利水电设施补偿、搬迁补助、过渡期补助、其他补偿补助等项目。

（2）基础设施建设包括新址场地平整及防护工程、道路广场、给水、排水、供电、电信、广播电视、燃气、供热、环卫、园林绿化、其他项目等。

三、搬迁补助

搬迁补助包括搬迁时的车船运输、途中食宿、物资搬运、搬迁保险、物资损失补助、误工补助和临时住房补贴等。

四、工商企业补偿

工商企业补偿包括房屋及附属建筑物补偿、搬迁补助、设施补偿、设备搬迁补偿、停产（业）损失、零星林（果）木补偿等。

五、机关事业单位迁建补偿

机关事业单位迁建补偿包括房屋及附属建筑物补偿、搬迁补助、设施补偿、设备搬迁补偿、零星林（果）木补偿等。

六、其他补偿补助

其他补偿补助包括移民个人所有的零星林（果）木补偿、贫困移民建房补助等。

城（集）镇部分项目划分见表3-2。

表3-2 城（集）镇部分项目划分表

序号	一级项目	二级项目	三级项目	四级项目	五级项目	技术经济指标
1	房屋及附属建筑物补偿					
1.1		房屋补偿				
			主房			
				框架结构		元/m²
				砖混结构		元/m²
				砖（石）木结构		元/m²
				土木结构		元/m²
				窑洞		元/m²
				……		
			杂房			
				砖混结构		元/m²

序号	一级项目	二级项目	三级项目	四级项目	五级项目	技术经济指标
				砖(石)木结构		元/m²
				土木结构		元/m²
				窑洞		元/m²
				……		
1.2		房屋装修补助				
1.3		附属建筑物补偿				
			围墙			
				砖(石)围墙		元/m、元/m²
				土围墙		元/m、元/m²
				混合围墙		元/m、元/m²
				门楼		元/个、元/m²
			水井			元/个
			地窖			元/个
			晒场			元/m²
			沼气池			元/个
			……			

序号	一级项目	二级项目	三级项目	四级项目	五级项目	技术经济指标
2	新址征地及基础设施建设					
2.1		新址征地补偿				
2.1.1			征收土地补偿和安置补助			
				耕地		
					水田	元/亩
					水浇地	元/亩
					旱地	元/亩
					……	
				园地		
					果园	元/亩
					桑园	元/亩
					茶园	元/亩
					……	
				……		
2.1.2			征用土地补偿			
				耕地		
					水田	元/亩
					水浇地	元/亩

序号	一级项目	二级项目	三级项目	四级项目	五级项目	技术经济指标
					旱地	元/亩
					……	
				园地		
					果园	元/亩
					桑园	元/亩
					茶园	元/亩
					……	
				……		
2.1.3			青苗补偿			
				耕地		
					水田	元/亩
					水浇地	元/亩
					旱地	元/亩
					……	
				园地		
					果园	元/亩
					桑园	元/亩
					茶园	元/亩
					……	
2.1.4			土地复垦			
			……			
2.1.5			房屋及附属建筑物补偿			

序号	一级项目	二级项目	三级项目	四级项目	五级项目	技术经济指标
				主房		
					框架结构	元/m²
					砖混结构	元/m²
					砖(石)木结构	元/m²
					土木结构	元/m²
					窑洞	元/m²
					……	
				杂房		
					砖混结构	元/m²
					砖(石)木结构	元/m²
					土木结构	元/m²
					窑洞	元/m²
				……		
				房屋装修补助		
				附属建筑物补偿		
					围墙	元/m、元/m²
					门楼	元/个、元/m²
					水井	元/个

序号	一级项目	二级项目	三级项目	四级项目	五级项目	技术经济指标
					地窖	元/个
					晒场	元/m²
					沼气池	元/个
					……	
2.1.6			农副业设施补偿			
					榨油坊	元/m²
					砖瓦窑	元/m²
					采石场	元/m²
					……	
2.1.7			搬迁补助			
					车船运输	元/人
					途中食宿	元/人
					物资搬运	
					搬迁保险	元/人
					物资损失补助	
					误工补助	元/人
					临时住房补贴	
					……	
2.1.8			过渡期补助			元/人
2.1.9			其他补偿补助			

序号	一级项目	二级项目	三级项目	四级项目	五级项目	技术经济指标
				零星林(果)木补偿		元/株
				……		
2.2		基础设施建设				
2.2.1			新址场地平整及防护工程			
				挖土方		元/m³
				填土方		元/m³
				石方		元/m³
				浆砌石护坡		元/m³
				……		
2.2.2			道路广场工程			
2.2.3			给水工程			
2.2.4			排水工程			
2.2.5			供电工程			
2.2.6			电信工程			
2.2.7			广播电视工程			
2.2.8			燃气工程			
2.2.9			供热工程			
2.2.10			环卫工程			

序号	一级项目	二级项目	三级项目	四级项目	五级项目	技术经济指标
2.2.11			园林绿化工程			
2.2.12			其他项目			
3	搬迁补助					
3.1		车船运输				元/人
3.2		途中食宿				元/人
3.3		物资搬运				
3.4		搬迁保险				元/人
3.5		物资损失补助				
3.6		误工补助				元/人
3.7		临时住房补贴				
3.8		……				
4	工商企业补偿					
4.1		房屋及附属建筑物补偿				
			房屋			
				……		
			附属建筑物			
				……		
4.2		搬迁补助				

序号	一级项目	二级项目	三级项目	四级项目	五级项目	技术经济指标
			人员搬迁			元/人
			流动资产搬迁			
4.3		设施补偿				
			……			
4.4		设备搬迁补偿				
			……			
4.5		停产（业）损失				
4.6		……				
5	机关事业单位迁建补偿					
5.1		房屋及附属建筑物补偿				
			房屋			
				……		
			附属建筑物			
				……		
5.2		搬迁补助				
			人员搬迁			元/人
			流动资产搬迁			

序号	一级项目	二级项目	三级项目	四级项目	五级项目	技术经济指标
5.3		设施设备补偿				
5.4		零星林(果)木补偿				元/株
5.5		……				
6	其他补偿补助					
6.1		零星林(果)木补偿				元/株
6.2		贫困移民建房补助				
		……				

第四节　工 业 企 业

工业企业迁建补偿包括用地补偿和场地平整、房屋及附属建筑物补偿、基础设施和生产设施补偿、设备搬迁补偿、搬迁补助、停产损失、零星林（果）木补偿等。

一、用地补偿和场地平整

用地补偿和场地平整包括用地补偿补助、场地平整等。

二、房屋及附属建筑物补偿

房屋及附属建筑物补偿包括办公及生活用房、附属建筑物、生产用房等。

三、基础设施和生产设施补偿

基础设施包括供水、排水、供电、电信、照明、广播电视、各种道路以及绿化设施等项目；生产设施包括各种井巷工程及池、窑、炉座、机座、烟囱等项目。

四、设备搬迁补偿

设备搬迁补偿包括不可搬迁设备补偿和可搬迁设备搬迁运输。

五、搬迁补助

搬迁补助包括人员搬迁和流动资产搬迁等。

六、停产损失

停产损失包括职工工资、福利费、管理费、利润等。

七、零星林（果）木补偿

工业企业项目划分见表 3-3。

表 3-3　　　　　　　　　　工业企业项目划分表

序号	一级项目	二级项目	三级项目	四级项目	技术经济指标
1	用地补偿和场地平整				
1.1		用地补偿补助			
1.1.1			耕地		
				水田	元/亩

序号	一级项目	二级项目	三级项目	四级项目	技术经济指标
				水浇地	元/亩
				旱地	元/亩
				……	
1.1.2			园地		
				果园	元/亩
				桑园	元/亩
				茶园	元/亩
				……	
			……		
1.2		场地平整			
		……			
2	房屋及附属建筑物补偿				
2.1		办公用房			
			框架结构		元/m²
			砖混结构		元/m²
			砖（石）木结构		元/m²
			土木结构		元/m²
			窑洞		元/m²
			……		
2.2		生活用房			
			框架结构		元/m²
			砖混结构		元/m²

序号	一级项目	二级项目	三级项目	四级项目	技术经济指标
			砖(石)木结构		元/m²
			土木结构		元/m²
			窑洞		元/m²
			……		
2.3		生产用房			
			……		
2.4		附属建筑物			
			……		
		……			
3	基础设施补偿				
3.1		供水			
3.2		排水			
3.3		供电			
3.4		电信			
3.5		照明			
3.6		广播电视			
3.7		道路			
3.8		绿化设施			
		……			
4	生产设施补偿				
4.1		井巷工程			
4.2		池			
4.3		窑			

序号	一级项目	二级项目	三级项目	四级项目	技术经济指标
4.4		炉座			
4.5		机座			
4.6		烟囱			
		……			
5	设备搬迁补偿				
5.1		不可搬迁设备			
			……		
5.2		可搬迁设备			
			……		
6	搬迁补助				
6.1		人员搬迁			元/人
6.2		流动资产搬迁			
7	停产损失				
7.1		职工工资			
7.2		福利费			
7.3		管理费			
7.4		利润			
		……			
8	零星林（果）木补偿				元/株
		……			

第五节 专业项目

专业项目恢复改建补偿包括铁路工程、公路工程、库周交通工程、航运工程、输变电工程、电信工程、广播电视工程、水利水电工程、国有农（林、牧、渔）场、文物古迹和其他项目等。

一、铁路工程

铁路工程改（复）建包括站场、线路和其他等。

二、公路工程

公路工程改（复）建包括等级公路、桥梁、汽渡等。

三、库周交通工程

库周交通工程包括机耕路、人行道、人行渡口、农村码头等。

四、航运工程

航运工程包括港口、码头、航道设施等。

五、输变电工程

输变电工程改（复）建包括输电线路和变电设施。

六、电信工程

电信工程改（复）建包括线路、基站及附属设施。

七、广播电视工程

广播电视工程改（复）建包括有线广播、有线电视线路，接收站（塔）、转播站（塔）等设施设备。

八、水利水电工程

水利水电工程包括水电站、泵站、水库、渠（管）道等。

九、国有农（林、牧、渔）场

国有农（林、牧、渔）场补偿包括征地补偿补助、房屋及附属建筑物补偿、居民点新址征地及基础设施建设、农副业设施、小型水利水电设施、搬迁补助、其他补偿补助等。

十、文物古迹

文物古迹包括地面文物和地下文物。

十一、其他项目

其他项目包括水文站、气象站、军事设施、测量设施及标志等。

专业项目划分见表3-4。

表3-4　　　　　　专业项目划分表

序号	一级项目	二级项目	三级项目	四级项目	技术经济指标
1	铁路工程				
		站场			
			……		
		线路			
			……		
		其他			
			……		

序号	一级项目	二级项目	三级项目	四级项目	技术经济指标
2	公路工程				
		公路			
			高速公路		元/km
				……	
			一级公路		元/km
				……	
			二级公路		元/km
				……	
			三级公路		元/km
				……	
			四级公路		元/km
				……	
		桥梁			元/延米
			……		
		汽渡			元/座
			……		
		机耕路			元/km
			……		
		……			
3	库周交通工程				
			机耕路		元/km
				……	
			人行道		元/km
				……	

序号	一级项目	二级项目	三级项目	四级项目	技术经济指标
		人行渡口			元/处
			······		
		农村码头			元/座
			······		
		······			
4	航运工程				
		港口			
			······		
		码头			
			······		
		航道设施			
			······		
		······			
5	输变电工程				
		输电线路			
			110kV		元/km
			······		
		变电设施			
			······		
		······			
6	电信工程				
		线路			
			光缆		元/km
			······		

序号	一级项目	二级项目	三级项目	四级项目	技术经济指标
		基站			
		附属设施			
		……			
7	广播电视工程				
		广播			
			线路		
			设施设备		
		电视			
			线路		
			设施设备		
		……			
8	水利水电工程				
		水电站			
			……		
		泵站			
			……		
		水库			
			……		
		渠（管）道			
			……		
		……			
9	国有农（林、牧、渔）场				
		征地补偿补助			

序号	一级项目	二级项目	三级项目	四级项目	技术经济指标
			……		
		房屋及附属建筑物补偿			
			……		
		居民点新址征地及基础设施建设			
			……		
		小型水利水电设施			
			……		
		农副业设施补偿			
			……		
		搬迁补助			
			……		
		其他补偿补助			
			……		
10	文物古迹				
		……			
11	其他项目				
		水文站			

序号	一级项目	二级项目	三级项目	四级项目	技术经济指标
			……		
		气象站			
			……		
		军事设施			
			……		
		测量设施及标志			
			……		
		……			

第六节 防 护 工 程

防护工程包括建筑工程、机电设备及安装工程、金属结构设备及安装工程、临时工程、独立费用和基本预备费。

一、建筑工程

建筑工程包括主体建筑、交通、房屋建筑、外部供电线路、其他建筑等。

二、机电设备及安装工程

机电设备及安装工程包括泵站设备及安装、公用设备及安装等。

三、金属结构设备及安装工程

金属结构设备及安装工程包括闸门、启闭机、压力钢管、其他金属结构等。

四、临时工程

临时工程包括施工导流、施工交通、施工场外供电、施工房屋建筑和其他施工临时工程。

五、独立费用

独立费用包括建设管理费、生产准备费、科研勘测设计费、建设及施工场地征用费和其他。

六、基本预备费

基本预备费包括防护工程建设中不可预见的费用。

防护工程项目划分见表3-5。

表 3-5　　　　　　防护工程项目划分表

序号	一级项目	二级项目	三级项目	四级项目	技术经济指标
1	建筑工程				
		……			
2	机电设备及安装工程				
		……			
3	金属结构设备及安装工程				

序号	一级项目	二级项目	三级项目	四级项目	技术经济指标
		……			
4	临时工程				
		……			
5	独立费用				
		……			
6	基本预备费				

第七节 库底清理

库底清理包括建（构）筑物清理、林木清理、易漂浮物清理、卫生清理、固体废物清理等。

一、建（构）筑物清理

建（构）筑物清理包括建筑物清理和构筑物清理。

二、林木清理

林木清理包括林地砍伐清理、园地清理、迹地清理和零星树木清理。

三、易漂浮物清理

易漂浮物清理包括建（构）筑物清理后废弃的木质门窗、木檩椽、木质杆材、油毡、塑料等清理和林木砍伐后残余的枝丫、枯木及田间、农舍旁堆置的秸秆清理等。

四、卫生清理

卫生清理包括一般污染源清理、传染性污染源清理、生物类污染源清理和检测工作等。

五、固体废物清理

固体废物清理包括生活垃圾清理、工业固体废物清理、危险废物清理和检测工作等。

库底清理项目划分见表3-6。

表 3-6　　　　　　　　库底清理项目划分表

序号	一级项目	二级项目	三级项目	技术经济指标
1	建（构）筑物清理			
1.1		建筑物清理		元/m²
1.2		构筑物清理		元/m²
2	林木清理			
2.1		林地砍伐清理		元/亩
2.2		园地清理		元/亩
2.3		迹地清理		元/亩
2.4		零星树木清理		
3	易漂浮物清理			
3.1		废弃门窗等清理		
3.2		残余枝丫等清理		
4	卫生清理			
4.1		一般污染源清理		
4.1.1			粪池清理	元/m²、元/个

序号	一级项目	二级项目	三级项目	技术经济指标
4.1.2			牲畜栏清理	元/m²、元/个
4.1.3			坟墓清理	元/m²、元/个
4.2		传染性污染源清理		
4.2.1			疫源地清理	元/m²
4.2.2			医疗机构工作区清理	元/m²
4.2.3			医疗垃圾处理	
4.3		生物类污染源清理		
		……		
5	固体废物清理			
5.1		生活垃圾清理		
5.2		工业固体废物清理		
5.3		危险废物清理		

第八节 其他费用

其他费用包括前期工作费、综合勘测设计科研费、实施管理费、实施机构开办费、技术培训费、监督评估费等。

其他费用项目划分见表3-7。

表 3 - 7　　　　　　　　　其他费用项目划分表

序号	一级项目	二级项目	三级项目	技术经济指标
1	前期工作费			％
2	综合勘测设计科研费			％
3	实施管理费			％
4	实施机构开办费			
5	技术培训费			％
6	监督评估费			％
……				

第九节　预备费

预备费包括基本预备费和价差预备费。

第十节　有关税费

有关税费包括与征地有关的国家规定的税费，如耕地占用税、耕地开垦费、森林植被恢复费和草原植被恢复费等。

有关税费项目划分见表 3 - 8。

表 3 - 8　　　　　　　　　有关税费项目划分表

序号	一级项目	二级项目	三级项目	技术经济指标
1	耕地占用税			元/m²
		……		

序号	一级项目	二级项目	三级项目	技术经济指标
2	耕地开垦费			元/亩
3	森林植被恢复费			元/m²
		......		
4	草原植被恢复费			元/m²
	......			

第四章 费用构成

第一节 费用划分

建设征地移民安置补偿费用由补偿补助费、工程建设费、其他费用、预备费、有关税费等构成。其中工程建设费包括建筑工程费、机电设备及安装工程费、金属结构设备及安装工程费、临时工程费等。

第二节 补偿补助费

补偿补助费包括征收土地补偿和安置补助费、征用土地补偿费、房屋及附属建筑物补偿费、房屋装修补助费、青苗补偿费、林地与园地的林木补偿费、零星林（果）木补偿费、鱼塘设施补偿费、农副业设施补偿费、小型水利水电设施补偿费、工商企业设施设备补偿费、文化教育和医疗卫生等单位设施设备补偿费、行政事业等单位设备设施补偿费、工业企业设施设备补偿费、停产损失、搬迁补助费、坟墓补偿费等。此外，还有贫困移民建房补助、文教卫生增容补助和过渡期补助等费用。

第三节 工程建设费

工程建设费包括基础设施工程、专业项目、防护工程和库底清理等项目的建筑工程费、机电设备及安装工程费、金属结构设备及安装工程费、临时工程费等，按项目类型和规模，根据相应行业和地区的有关规定计列费用。

第四节　其他费用

其他费用包括前期工作费、综合勘测设计科研费、实施管理费、实施机构开办费、技术培训费、监督评估费等费用。

（1）前期工作费。在水利水电工程项目建议书阶段和可行性研究报告阶段开展建设征地移民安置前期工作所发生的各种费用。主要包括前期勘测设计、移民安置规划大纲编制、移民安置规划配合工作所发生的费用。

（2）综合勘测设计科研费。为初步设计和技施设计阶段征地移民设计工作所需要的综合勘测设计科研费用。主要包括两阶段设计单位承担的实物复核，农村、城（集）镇、工业企业及专业项目处理综合勘测规划设计发生的费用和地方政府必要的配合费用。

（3）实施管理费。包括地方政府实施管理费和建设单位实施管理费。

（4）实施机构开办费。包括征地移民实施机构为开展工作所必须购置的办公及生活设施、交通工具等，以及其他用于开办工作的费用。

（5）技术培训费。用于农村移民生产技能、移民干部管理水平的培训所发生的费用。

（6）监督评估费。包括实施移民监督评估所需费用。

第五节　预　备　费

预备费包括基本预备费和价差预备费两项费用。

（1）基本预备费主要是指在建设征地移民安置设计及补偿费

用概（估）算内难以预料的项目费用。费用内容包括：经批准的设计变更增加的费用，一般自然灾害造成的损失、预防自然灾害所采取的措施费用，以及其他难以预料的项目费用。

（2）价差预备费是指建设项目在建设期间，由于人工工资、材料和设备价格上涨以及费用标准调整而增加的投资。

第六节　有关税费

有关税费包括耕地占用税、耕地开垦费、森林植被恢复费、草原植被恢复费等。

（1）耕地占用税是指根据《中华人民共和国耕地占用税暂行条例》，按各省（自治区、直辖市）的有关规定，对占用种植农作物的土地从事非农业建设需交纳的耕地占用税。

（2）耕地开垦费是指根据《中华人民共和国土地管理法》的规定，按照"占多少、垦多少"的原则，由占用耕地的单位负责开垦与所占用耕地的数量和质量相当的耕地，对没条件开垦或开垦不符合要求的，应当按各省（自治区、直辖市）的有关规定缴纳耕地开垦费。

（3）森林植被恢复费是指根据《中华人民共和国森林法》第十八条规定，进行工程勘查、开采矿藏和各项工程建设，应当不占或少占林地，必须占用或者征收征用林地的，用地单位应依照有关规定缴纳森林植被恢复费。

（4）草原植被恢复费是指根据《中华人民共和国草原法》第三十九条规定，因工程建设征收、征用或者使用草原的，应当缴纳草原植被恢复费。

第五章 单价分析

第一节 补偿补助单价

一、征收土地补偿费和安置补助费的单价

（1）征收耕地的补偿补助单价应按该耕地被征收前三年平均年亩产值和相应的补偿补助倍数计算。

（2）征收耕地的补偿倍数和安置补助倍数之和，应执行《大中型水利水电工程建设征地补偿和移民安置条例》（2006年国务院令第471号）的规定。经多方案比选后，土地补偿费和安置补助费不能使需要安置的农民保持原有生活水平、需要提高标准的，由项目法人或者项目主管部门报项目审批部门批准。

（3）耕地年亩产值。应按基准年耕地亩产值，考虑当地近年耕地亩产量的实际增长幅度和设计水平年计算确定。

1）基准年耕地亩产值。为耕地主产品亩产值和副产品亩产值之和。耕地主产品亩产值根据主产品亩产量和相应现行价格计算。

2）基准年亩产量。主产品亩产量指被征收耕地调查时前三年农作物的年均亩产量。应根据调查时被征地单位所在县（市）前三年的统计年鉴、乡（镇）统计报表、当地农调队的调查资料，结合典型村和典型户的调查资料，各类耕地的耕作制度和种植结构，分析计算出各类耕地各种作物的年均亩产量，以此作为基准年亩产量。

3）农产品综合价格。指当地现行的农产品综合收购价。应按调查收集的各种收购价的加权平均值计算。每种农产品的各种收购价应取中等产品的价格。

4）农作物副产品年产值。指农作物的秸秆等副产品产值，可取主产品年产值的比例计算，其比例宜按有关统计资料或通过抽样调查计算确定。也可按副产品产量和价格计算。

（4）征收其他土地的补偿补助单价应依据所在省（自治区、直辖市）人民政府的规定计算，对需要计算其他土地亩产值的可参照耕地的亩产值计算方法。

二、征用土地补偿单价

征用土地补偿单价按规划水平年征用土地亩产值乘以用地年限计算。

三、林地、园地的林木补偿单价

林地、园地的林木补偿单价按照征地所在省（自治区、直辖市）人民政府的规定确定。对没有具体规定的，参照本省类似水利水电工程林木补偿单价分析确定，或者参照邻省类似水利水电工程林木补偿单价分析确定。

四、征用土地复垦单价

征用土地复垦单价采用相关省（自治区、直辖市）人民政府的规定。没有规定的，根据土地复垦方案及相关行业的定额分析确定。

五、青苗补偿单价

青苗补偿单价按照规划水平年一季亩产值确定。

六、房屋补偿单价

对不同结构的房屋，应选择主要结构进行典型设计；按地方建筑工程概算定额和编制办法及当地人工、材料、机械等基础价格，按重置价计算其造价，并以此为依据确定相应结构房屋的补偿单价。对其他次要结构的房屋，可参照主要结构房屋补偿单价分析确定。

七、房屋装修补助单价

房屋装修补助单价参照房屋补偿单价分析方法确定。

八、附属建筑物补偿单价

附属建筑物补偿单价采用各省（自治区、直辖市）人民政府规定的补偿单价；对没有规定的，按重置单价或参照类似工程的相应补偿单价确定。

九、农副业设施补偿单价

农副业设施补偿单价采用各省（自治区、直辖市）人民政府规定的补偿标准。对地方没有规定标准的，可参照类似工程相应补偿单价确定。

十、小型水利水电设施补偿单价

对需要恢复的，参照同类型工程建设项目的单价分析方法确定；对不需要恢复的按照适当补偿的原则确定。

十一、搬迁补助单价

搬迁补助单价包括车船运输、途中食宿、物资搬迁运输、搬迁保险、物资损失补助、误工补助和临时住房补贴等。

（1）车船运输单价。根据移民安置规划确定的平均搬迁距离、运输方案和相应的费用，分就近和远迁分别确定。

（2）途中食宿单价。根据移民安置规划确定的平均搬迁距离、途中时间和相应的费用，分就近和远迁分别确定。

（3）物资搬迁运输单价。典型推算人均或单位房屋面积（主房）物资搬运量，根据移民安置规划确定的平均搬迁距离、运输方式及相应费用，分就近和远迁分别确定人均或单位房屋面积的物资搬运单价。

（4）搬迁保险单价。根据保险业相关人身意外伤害险规定确定。

（5）物资损失补助单价。按搬迁过程中人均物资损失价值计列。

（6）误工补助。误工期根据搬迁距离可取 1～2 个月，补助单价可根据当地人均纯收入情况分析确定。

（7）移民临时住房补贴单价。采用人均或户均指标。可按户均租房面积 30～40m² 和租期 3 个月，根据当地房租单价分析确定。

十二、工业企业补偿单价

（1）房屋及附属建筑物单价。采用农村个人房屋及附属建筑物单价分析方法确定。

（2）搬迁补助单价。按办公和住房房屋面积计算搬迁运输费。单价参照农村搬迁运输补助单价分析方法确定。

（3）基础设施和生产设施补偿单价。基础设施指供水、排水、供电、电信、照明、广播电视、各种道路以及绿化设施等，生产设施指各种井巷工程及池、窑、炉座、机座、烟囱等。可按国家和省（自治区、直辖市）有关规定分别计算补偿单价，也可根据工程所在地区造价指标或有关实际资料，采用类比扩大单位指标计算补偿单价。对于不需要或难以恢复的对象，可按适当的补偿原则计算单价。对闲置、报废的设施可根据实际情况予以适当补助。对淘汰、报废的设施一般不予补偿。

（4）生产设备补偿单价。包括不可搬迁设备补偿单价和可搬迁设备补偿单价。

1）不可搬迁设备。应按设备重置全价扣减可变现的残值计算，设备重置全价包括设备购置（或自制）到正式投入使用期间发生的费用，含设备购置价费（或自制成本）、运杂费、安装调试费等。

2）可搬迁设备。应按该设备在搬迁过程中的拆卸、运输、安装、调试等费用计算。

（5）停产损失。根据工业企业的年工资总额、福利费、管理费、利润等测算。

十三、工商企业补偿单价

（1）房屋及附属建筑物单价。采用农村个人房屋及附属建筑物单价分析方法确定。

（2）生产设施、生产设备补偿和停产损失补助单价。参照工业企业生产设施、生产设备补偿和停产损失补助单价分析方法确定。

十四、文化、教育、医疗卫生等单位迁建补偿单价

（1）房屋及附属建筑物、设备和设施单价按照工商企业相应项目补偿单价分析方法确定。

（2）学校和医疗卫生单位增容补助单价。根据国家和省（自治区、直辖市）的有关规定，结合当地的实际情况分析确定。

十五、其他补偿补助单价

其他补偿补助单价包括零星林（果）木、鱼塘设施、坟墓等。

（1）零星林（果）木补偿单价，应根据各省（自治区、直辖市）人民政府的规定计算。对没有具体规定的，可参照林木补偿标准计算。

（2）鱼塘设施补偿单价，可按照征地所在省（自治区、直辖市）人民政府的规定确定。对没有具体规定的，可参照本省类似水利水电工程鱼塘补偿单价分析确定，本省没有的，可参照邻省类似水利水电工程鱼塘补偿单价确定。

（3）坟墓补偿单价，按照征地所在省（自治区、直辖市）人民政府的规定确定。对没有具体规定的，可参照本省类似水利水电工程坟墓补偿单价确定，本省没有的，可参照邻省类似水利水电工程坟墓补偿单价确定。

（4）贫困移民建房补助按以下公式计算

$$A = \sum B_i / C$$

$$B_i = D \times E_j \times F - G_i \qquad （当 B_i \leqslant 0 时，取 B_i = 0）$$

式中　A——贫困移民建房补助单价，元/户；

$\quad\ B_i$——典型村淹没影响第 i 户需要的补助费用，元；

$\quad\ C$——基准年淹没影响户数，户；

$\quad\ D$——人均"基本用房"面积，m^2，应采用省级人民政府规定，没有规定的，可根据同区域类似项目的情况，结合建设征地区的实际情况分析确定；

$\quad\ E_j$——第 j 类结构房屋补偿单价；

$\quad\ F$——移民户移民人数；

$\quad\ G_i$——移民户房屋、附属建筑物、零星树木补偿费之和。

十六、过渡期补助

过渡期补助指移民搬迁和生产恢复期间的补助费，应根据农村移民安置规划合理确定人均补助标准。过渡期可按1～3年考虑，调整现有耕地安置时过渡时间可取下限，开垦耕地安置时过渡时间可取上限。

第二节　工程建设单价

一、建筑工程单价

（1）建筑工程单价按照水利工程、市政工程和各行业概（估）算编制办法、定额计算。当地有规定的，按当地规定执行。

（2）农村居民点、集镇的场地平整及新址防护，宜采用水利工程概（估）算编制办法和定额；其他基础设施，可采用市政和相应行业概（估）算编制办法和定额。

（3）城镇部分的基础设施，宜采用市政和相应行业概（估）算编制办法和定额。

（4）专业项目和防护工程，宜采用相应行业的概（估）算编制办法和定额。

（5）防护工程，应采用水利行业的概（估）算编制办法和定额。

（6）库底清理，按清理技术要求分项计算。

二、机电设备及安装工程单价

按照相应行业的概（估）算编制办法和定额计算，当地有规定的，按当地规定执行。

三、金属结构设备及安装工程单价

按照相应行业的概（估）算编制办法和定额计算，当地有规定的，按当地规定执行。

四、临时工程和工程建设其他费

根据项目类型和规模，按照相应行业和地区的有关规定计算。

第六章 概 算 编 制

第一节 农村部分补偿费计算

一、土地补偿补助费

（1）征收土地的补偿补助费。应按征收的土地面积乘以相应的补偿补助单价计算。

（2）征用土地的补偿费。应按征用的土地面积乘以相应的补偿单价计算。

（3）征用土地复垦费。主要指征用耕地的复垦费，应按需要复垦的耕地面积乘以相应的单价计算。

（4）耕地青苗补偿费。按照工程建设区范围内征收的各类耕地面积乘以青苗补偿单价计算，库区和临时征用的耕地不计此项费用。

二、房屋及附属建筑物补偿费

（1）房屋补偿费。按需要补偿的各类房屋面积乘以相应的补偿单价计算。

（2）房屋装修补助费。按需要补偿的房屋装修面积乘以补偿单价计算。

（3）附属建筑物补偿费。按需要补偿的各类附属建筑物数量乘以相应的补偿单价计算。对列入基础设施规划投资的项目，不再补偿。

三、居民点新址征地及基础设施建设费

（1）新址征地补偿费。征收土地补偿补助费根据新址占地范围内的各类土地面积乘以相应的补偿补助单价计算；青苗补偿费按照新址占用耕地面积乘以相应的补偿单价计算；地上附着物补偿费按照新址占地范围内各类附着物数量和相应的补偿单价补偿。

（2）基础设施建设费。应根据各安置点各类项目规划设计工程量及单价计算投资。

四、农副业设施补偿费

应以调查的农副业设施数量乘以相应的补偿单价计算。

五、小型水利水电设施补偿费

对需要恢复的，按规划设计工程量及单价计算投资；对于不需要或难以恢复的对象，按实物指标乘以补偿单价计算补偿费。

六、农村工商企业补偿费

（1）房屋及附属建筑物补偿费。应按调查的各类房屋面积乘以补偿单价计算。

（2）搬迁补助费。人员搬迁补助应按规划的搬迁人数乘以相应的人均单价计算；物资搬迁运输应根据调查的生活用房面积乘以补偿单价计算。

（3）生产设施补偿费。应根据调查各类设施数量乘以补偿单价计算。对闲置的设施可给予适当补偿，对淘汰、报废的设施一般不予补偿。

（4）生产设备补偿费。应根据调查的各类设备数量乘以相应

补偿单价计算。对闲置的设备可给予适当补偿，对淘汰、报废的设备一般不予补偿。

（5）停产损失。按停产时间合理分析计算。

（6）零星林（果）木补偿费。应根据调查的各类零星林（果）木数量乘以相应的补偿单价计算。

七、文化、教育、医疗卫生等单位迁建补偿费

（1）房屋及附属建筑物补偿费。应按需要补偿的各类房屋面积乘以补偿单价计算。

（2）搬迁补助费。人员搬迁补助应按规划的搬迁人数乘以相应的人均单价计算；物资搬迁运输应根据调查的生活用房面积乘以补偿单价计算。

（3）生产设施补偿费。应按调查各类设施数量乘以相应补偿单价计算。

（4）生产设备补偿费。应根据调查各类设备数量乘以相应补偿单价计算。

（5）增容补助费。应按搬迁的农业人口乘以补助单价计算。

（6）零星林（果）木补偿费。应根据调查的各类零星林（果）木数量乘以相应的补偿单价计算。

八、搬迁补助费

分别按就近和远迁搬迁人数乘以相应的单价计算。

九、其他补偿补助费

（1）零星林（果）木补偿费。分别按需要补偿的实物数量乘以补偿单价计算。

（2）鱼塘设施补偿费。按调查的实物数量乘以补偿单价计算。

（3）坟墓补偿费。按调查的实物数量乘以补偿单价计算。

（4）贫困移民建房补助费。按基准年贫困移民户数乘以相应的补偿单价计算。

十、过渡期补助费

应根据移民安置人数乘以人均补助标准计算。

第二节　城（集）镇部分补偿费计算

一、房屋及附属建筑物补偿费

（1）房屋补偿费。按需要补偿的移民个人各类房屋面积乘以相应的补偿单价计算。

（2）房屋装修补助费。按需要补偿的移民个人房屋装修面积乘以相应的补偿单价计算。

（3）附属建筑物补偿费。按需要补偿的移民个人各类附属建筑物数量乘以相应的补偿单价计算。对列入基础设施规划投资的项目，不再补偿。

二、新址征地及基础设施建设费

1. 新址征地补偿费

（1）征收土地补偿费及安置补助费。按城（集）镇新址建设征收的土地面积乘以相应的补偿补助单价计算。

（2）青苗补偿费。按城（集）镇新址建设征收的耕地面积乘以相应的补偿单价计算。地上附着物补偿费按照新址征地范围内各类附着物数量乘以相应的补偿单价计算。

（3）房屋补偿费。按城（集）镇新址建设征收土地上的各类房屋面积乘以相应的补偿单价计算。

（4）房屋装修补助费。按城（集）镇新址建设征收土地上房屋装修面积乘以相应的补偿单价计算。

（5）附属建筑物补偿费。按城（集）镇新址建设征收土地上的各类附着物数量乘以相应的补偿单价计算。对列入基础设施规划投资的项目，不再补偿。

（6）农副业设施补偿费。按城（集）镇新址建设征收土地上的农副业设施数量乘以相应的补偿单价计算。

（7）小型水利水电设施补偿费。对需要恢复的城（集）镇新址建设征收土地上的小型水利水电设施，按规划设计工程量及单价计算；对于不需要或难以恢复的对象，按实物指标乘以补偿单价计算。

（8）搬迁补助费。根据新址征地范围内搬迁人口乘以相应的补偿单价计算。

（9）过渡期补助费。按城（集）镇新址建设征收土地上应搬迁的农业人口乘以人均补助标准计算。

（10）其他补偿补助费。按照农村相应的其他补偿费计算方法计算。

2. 基础设施建设费

应根据各城（集）镇各类项目规划设计工程量及单价计算投资。

三、搬迁补助费

移民搬迁运输费、搬迁损失费、误工补助费和搬迁保险费按照搬迁人数乘以相应的单价计算。

四、工商企业补偿费

（1）房屋补偿费。根据需要补偿的各类房屋面积乘以相应的补偿单价计算。

（2）附属建筑物补偿费。根据需要补偿的各类附属建筑物乘以相应的补偿单价计算。

（3）搬迁补助费。人员搬迁补助应按规划的搬迁人数乘以相应的人均单价计算；物资搬迁运输应根据调查的生活用房面积乘以补偿单价计算。

（4）生产设施补偿费。应根据调查各类设施数量乘以相应的补偿单价计算。对闲置的设施可给予适当补偿，对淘汰、报废的设施一般不予补偿。

（5）生产设备补偿费。应根据调查各类设备数量乘以相应的补偿单价计算。对闲置的设备可给予适当补偿，对淘汰、报废的设备一般不予补偿。

（6）停产损失费。按停产时间合理分析计算。

（7）零星林（果）木补偿费。分别按调查的实物数量乘以相应的补偿单价计算。

五、机关事业单位迁建补偿费

（1）房屋补偿费。根据需要补偿的各类房屋面积乘以相应的补偿单价计算。

（2）附属建筑物补偿费。根据需要补偿的各类附属建筑物乘以相应的补偿单价计算。

（3）搬迁补助费。人员搬迁补助应按规划的搬迁人数乘以相应的人均单价计算；物资搬迁运输应根据调查的生活用房面积乘以补偿单价计算。

（4）生产设施补偿费。应根据调查各类设施数量乘以相应的补偿单价计算。对闲置的设施可给予适当补偿，对淘汰、报废的设施一般不予补偿。

（5）生产设备补偿费。应根据调查各类设备数量乘以相应的补偿单价计算。对闲置的设备可给予适当补偿，对淘汰、报废的设备一般不予补偿。

（6）零星林（果）木补偿费。分别按调查的实物数量乘以相应的补偿单价计算。

六、其他补偿补助费

移民个人所有的零星林（果）木补偿费，分别按需要补偿的实物数量乘以相应的补偿单价计算。

第三节　工业企业迁建补偿费计算

一、用地补偿和场地平整补偿费

用地补偿费根据需要补偿的土地面积乘以相邻耕地的补偿补助单价计算。

场地平整费根据需要补偿的土地面积乘以相邻居民点场地平整项目平均单价计算。

二、房屋及附属建筑物补偿费

（1）房屋补偿费。根据需要补偿的各类房屋面积乘以相应的补偿单价计算。

（2）附属建筑物补偿费。根据需要补偿的各类附属建筑物乘以相应的补偿单价计算。

三、基础设施和生产设施补偿费

应根据需要补偿的各类设施数量乘以相应补偿单价计算。

对闲置的设施可给予适当补偿，对淘汰、报废的设施一般不予补偿。

四、生产设备补偿费

应根据需要补偿的各类设备数量乘以相应的补偿单价计算。对闲置的设备可给予适当补偿，对淘汰、报废的设备一般不予补偿。

五、搬迁补助费

根据需要搬迁的各类实物形态的流动资产乘以相应的补助单价计算。

六、停产损失费

根据企业特点合理分析计算。停产、倒闭破产的企业不计此项费用。

七、零星林（果）木补偿费

分别按调查的实物数量乘以相应的补偿单价计算。

第四节　专业项目恢复改建补偿费计算

专业项目恢复改建补偿费应根据各行业及各省（自治区、直辖市）有关部门颁发的概（估）算、预算编制办法及有关规定计算。各专业项目中有关建设及施工场地补偿费，按照本编制规定第三章至第六章的相应规定计算。

（1）铁路工程复建费。根据规划设计成果，采用铁路工程概算编制办法计算。

（2）公路工程复建费。根据规划设计成果，采用公路工程概算编制办法计算。

（3）库周交通工程复建费。桥梁按公路工程概算编制办法计算。对机耕路、人行路、人行渡口和农村码头等以复建指标乘以相应单价计算。

（4）航运工程复建费。根据规划设计成果，按水运等相关行业概算编制规定计算。

（5）输变电工程复建费。根据规划设计成果，按照电力工程设计概（预）算编制办法计算。

（6）电信工程复建费。根据规划设计成果，按照电信工程预算编制办法计算。

（7）广播电视工程复建费。根据规划设计成果，按照广播工程设计概（预）算编制有关规定计算。

（8）水利水电工程补偿费。根据规划设计成果，按照水利或水电行业概预算编制规定计算补偿费。

（9）国有农（林、牧、渔）场补偿费。参照农村部分、专业项目等补偿概算办法编制。

（10）文物古迹保护费。根据规划设计成果，按照文物专业的概预算编制规定计算。

（11）其他项目补偿费。应根据规划成果，按相应行业概（估）算、预算编制规定计算。

第五节　防护工程费计算

（1）根据规划设计成果，按照水利行业概预算编制规定计算选定方案的防护工程费。

（2）防护工程建成后的运行管理费用不应计入防护工程投资，由工程项目管理单位负责，在工程项目的运行管理费用中计列。

第六节　库底清理费计算

库底清理费按水库库底一般清理分项工程量乘以相应的单价计算；特殊清理费用，不应列入建设征地移民补偿投资概（估）算。

（1）建（构）筑物拆除单价应根据建（构）筑物结构、拆除方式，参照相关规定合理确定。

（2）林木清理单价应根据林木种类，参照相关规定合理确定。

（3）易漂浮物清理单价应典型调查项目单位数量需人工、施工机械台班数量，乘以相应单价计算。

（4）卫生清理单价应按照库底卫生清理方法、技术要求，计算项目单位数量所需人工、材料及机械台班数量，乘以相应单价计算。卫生清理检测工作费应按卫生清理直接费的1%～1.5%计算。

（5）固体废物清理单价应按固体废物清理方法、技术要求，计算项目单位数量所需人工、材料及机械台班数量，乘以相应单价计算。固体废物清理检测工作费应按固体废物清理直接费的1%～1.5%计算。

第七节　其他费用计算

（1）前期工作费。根据费率计算，计算公式为

前期工作费＝[农村部分＋城（集）镇部分＋工业企业＋
专业项目＋防护工程＋库底清理]×A

其中费率 A 为 1.5%～2.5%。

（2）综合勘测设计科研费。根据费率计算，计算公式为

综合勘测设计科研费＝［农村部分＋城(集)镇部分＋库底清理］×B_1＋
$\qquad$（工业企业＋专业项目＋防护工程）×B_2

其中费率 B_1 为 $3\%\sim4\%$，费率 B_2 为 1%。

初步设计阶段综合勘测设计科研费占 $40\%\sim50\%$，技施设计阶段占 $55\%\sim60\%$。

（3）实施管理费。实施管理费包括地方政府实施管理费和建设单位实施管理费，均按费率计算。

地方政府实施管理费计算公式为

地方政府实施管理费＝［农村部分＋城(集)镇部分＋库底清理］×C_1＋
$\qquad$（工业企业＋专业项目＋防护工程）×C_2

其中费率 C_1 为 4%、费率 C_2 为 2%。

建设单位实施管理费用于项目建设单位征地移民管理工作经费，包括办理用地手续等费用。根据费率计算，计算公式为

建设单位实施管理费＝［农村部分＋城(集)镇部分＋工业企业＋
$\qquad$专业项目＋防护工程＋库底清理］×D

其中费率 D 为 $0.6\%\sim1.2\%$。

当征地移民直接投资在 10 亿元（含）以下时，其费率取 1.2%；10 亿元（不含）～20 亿元（含）之间的部分其费率取 1%；超出 20 亿元（不含）部分，其费率取 0.6%。

（4）实施机构开办费。考虑征地移民管理工作要求，可按表 6-1 参考取值。

表 6-1　　　　　　　　开 办 费 标 准 表

移民人数 （人）	1000 以下	1000～10000	10000～25000	25000～50000	50000 以上
开办费 （万元）	200 以下	200～300	300～500	500～800	800～1000

注　涉及两个以上省（自治区、直辖市）的应取上限；淹没区已有移民管理机构的，适当减少开办费。

（5）技术培训费。可按农村部分费用的 0.5% 计列。

（6）监督评估费。根据费率计算，计算公式为

监督评估费＝［农村部分＋城(集)镇部分＋库底清理］×G_1＋

（工业企业＋专业项目＋防护工程）×G_2

其中费率 G_1 为 1.5%～2%，费率 G_2 为 0.5%～1%。

计算前期工作费、综合勘测设计科研费、实施管理费、技术培训费、监督评估费等其他费用时，土地补偿补助费用因政策性变化的部分，按相应费率的 30% 计算其他费用。

如果城（集）镇部分和库底清理投资中单独计算了其他费用，则相应投资的综合勘测设计科研费、地方政府实施管理费、监督评估费的费率应分别按 B_2、C_2、G_2 计算。

第八节 预备费计算

（1）基本预备费。根据费率计算，计算公式为

基本预备费＝［农村部分＋城(集)镇部分＋库底清理＋其他费用］×

H_1＋（工业企业＋专业项目＋防护工程）×H_2

初步设计阶段：$H_1 = 10\%$、$H_2 = 6\%$；技施设计阶段：$H_1 = 7\%$、$H_2 = 3\%$。

如果城（集）镇部分和库底清理投资中单独计算了基本预备费，则相应投资的基本预备费费率按 H_2 计算。

（2）价差预备费。应以分年度的静态投资（包括分年度支付的有关税费）为计算基数，按照枢纽工程概算编制所采用的价差预备费率计算。其计算公式如下

$$E = \sum_{n=1}^{N} F_n \left[(1+P)^n - 1 \right]$$

式中　E——价差预备费；

　　　F_n——在实施期间第 n 年的分年投资；

　　　N——合理建设工期；

　　　n——实施年度；

　　　P——年物价指数。

第九节　有关税费计算

（1）耕地占用税根据国家和各省（自治区、直辖市）规定的计税类别和单位面积税额计算。

（2）耕地开垦费。根据国家和各省（自治区、直辖市）规定标准进行计算。

（3）森林植被恢复费。按照国家有关规定，分不同林种和用途分别计算。

（4）草原植被恢复费。按照各省（自治区、直辖市）规定的标准进行计算。

第十节　分年度投资

分年度投资根据移民安置规划总进度及其分年实施计划确定的各年完成工作量，编制分期和分年度投资计划。

第七章 概 算 表 格

一、概算表

概算表包括概算总表、概算分项汇总表、分项概算表、分年度投资计划表等。

（1）概算总表。分别列出各部分投资、总投资等。表格格式见表 7-1。

表 7-1　　　　　征地移民补偿投资概算总表

序号	项　目	投资 （万元）	比重 （％）	备　注
一	农村移民安置补偿费			
二	城（集）镇迁建补偿费			
三	工业企业迁建补偿费			
四	专业项目恢复改建补偿费			
五	防护工程费			
六	库底清理费			
	一至六项小计			
七	其他费用			
八	预备费			
	其中：基本预备费			
	价差预备费			
九	有关税费			
十	总投资			

（2）概算分项汇总表。分区（一般到二级行政区），按各部分的一级项目分别列出投资、总投资等，表格格式见表7-2。

表 7-2　　　　征地移民补偿投资概算分项汇总表

项　目	总计	×× （一级行政区）			×× （一级行政区）			……
		合计	×× （二级行政区）	……	合计	×× （二级行政区）	……	
第一部分：农村移民安置补偿费								
（一）土地补偿费和安置补助费								
（二）房屋及附属建筑物补偿费								
（三）农副业设施补偿费								
（四）小型水利水电设施补偿费								
（五）农村工商企业补偿费								
（六）文化、教育、医疗卫生等事业单位迁建补偿费								
（七）新址征地及基础设施建设费								
（八）搬迁补助费								
（九）其他补偿补助费								
（十）过渡期补助费								
第二部分：城（集）镇迁建补偿费								

项　目	总计	××（一级行政区）			××（一级行政区）			……
		合计	××（二级行政区）	……	合计	××（二级行政区）	……	
（一）房屋及附属建筑物补偿费								
（二）新址征地及基础设施建设费								
（三）公用（市政）设施恢复费								
（四）搬迁补助费								
（五）工商企业迁建补偿费								
（六）机关事业单位迁建补偿费								
（七）其他补偿补助费								
第三部分：工业企业迁建补偿费								
（一）用地补偿和场地平整								
（二）房屋及附属建筑物补偿费								
（三）基础设施补偿费								
（四）生产设施补偿费								
（五）设备搬迁补偿费								
（六）搬迁补助费								
（七）停产损失费								

项　目	总计	××（一级行政区）			××（一级行政区）			……
		合计	××（二级行政区）	……	合计	××（二级行政区）	……	
第四部分：专业项目恢复改建补偿费								
（一）铁路工程复建费								
（二）公路工程复建费								
（三）库周交通恢复费								
（四）航运设施复建费								
（五）输变电工程复建费								
（六）电信工程复建费								
（七）广播电视工程复建费								
（八）水利水电工程补偿费								
（九）国营农（林、牧、渔）场迁建费								
（十）文物古迹保护发掘费								
（十一）其他项目补偿费								
第五部分：防护工程费								
（一）建筑工程费								
（二）机电设备及安装工程费								
（三）金属结构设备及安装工程费								

项　目	总计	××（一级行政区）			××（一级行政区）			……
		合计	××（二级行政区）	……	合计	××（二级行政区）	……	
（四）临时工程费								
（五）独立费用								
（六）基本预备费								
第六部分：库底清理费								
（一）建（构）筑物清理费								
（二）林木清理费								
（三）易漂浮物清理费								
（四）卫生清理费								
（五）固体废物清理费								
第七部分：其他费用								
（一）前期工作费								
（二）综合勘测设计科研费								
（三）实施管理费								
（四）实施机构开办费								
（五）技术培训费								
（六）监督评估费								
第八部分：预备费								
（一）基本预备费								
（二）价差预备费								
第九部分：有关税费								
（一）耕地占用税								

项　目	总计	××（一级行政区）			××（一级行政区）			……
		合计	××（二级行政区）	……	合计	××（二级行政区）	……	
（二）耕地开垦费								
（三）森林植被恢复费								
（四）草原植被恢复费								
第十部分：总投资								

（3）分项概算表。按一至五级项目，分别列出概算的数量、单价、投资。表格格式见表7-3。

表7-3　　　　　　征地移民补偿投资分项概算表

序号	一级项目	二级项目	三级项目	四级项目	五级项目	单位	数量	单价（元）	合计（万元）

（4）分年度投资计划表。可视不同情况按项目划分列至一级项目，对投资较小的分部分项目，可列至分部分项目。表格格式见表7-4。

表7-4　　　　　征地移民分年度投资计划表　　　单位：万元

序号	项　目	总投资	年份				……
			1	2	3	4	
1	农村移民安置补偿费						
2	城（集）镇迁建补偿费						
3	工业企业迁建补偿费						
4	专业项目恢复改建补偿费						
5	防护工程费						

序号	项 目	总投资	年 份				
			1	2	3	4	……
6	库底清理费						
	1 至 6 部分合计						
7	其他费用						
8	预备费						
	其中：基本预备费						
	价差预备费						
9	有关税费						
10	总投资						

二、概算附表

概算附表包括主要项目补偿单价汇总表（附表一）、主要农产品价格和建筑材料预算价格汇总表（附表二）、土地亩产值及补偿补助单价计算表（附表三）、房屋等建筑工程（补偿）单价分析表（附表四）、农村居民点新址征地及基础设施建设投资计算表（书）（附表五）、集镇迁建新址征地及基础设施建设投资计算表（书）（附表六）、城镇迁建新址征地及基础设施建设投资计算表（书）（附表七）、工业企业迁建补偿费计算表（书）（附表八）、专业项目恢复改建补偿投资计算表（书）（附表九）、防护工程建设补偿投资计算表（书）（附表十）。

附表一　　　　　　　主要项目补偿单价汇总表

序号	项目名称	单位	补偿（投资）单价	备注

主要农产品价格和建筑材料预算价格汇总表

序号	农产品或建筑材料名称	计量单位	价格	备注

附表三 **土地亩产值及补偿补助单价计算表**

序号	土地类型	农作物名称	农产量（kg/亩）		农产品价格（元/kg）		产值（元/亩）			补偿补助倍数	补偿补助标准（元/kg）
			主产品	副产品	主产品	副产品	主产品	副产品	合计		

附表四 **房屋等建筑工程（补偿）单价分析表** 单位：元

序号	工程名称	单位	单价	其　中							
				人工费	材料费	机械使用费	其他直接费	现场经费	间接费	企业利润	税金

附表五 **农村居民点新址征地及基础设施建设投资计算表（书）**

项　目	二级项目	三级项目	单位	数量	单价	投资（万元）	备注
合计							
	1. 新址征地						
		……					
	2. 场地平整						
		……					
	3. 道路及施工道路						

项 目	二级项目	三级项目	单位	数量	单价	投资 （万元）	备注
		……					
	4. 供水设施						
		……					
	5. 供电设施						
		……					
	6. 其他费用						
		……					

附表六　　集镇迁建新址征地及基础设施建设投资计算表（书）

项 目	二级项目	三级项目	单位	数量	单价	投资 （万元）	备注
集镇迁建补偿费							
一、新址征地和场地平整费							
	1. 新址征地							
		……					
	2. 场地平整							
		……					
		……					
二、对外交通及集镇内道路恢复费							
	1. 连接路							
		……					

项　目	二级项目	三级项目	单位	数量	单价	投资（万元）	备注
	2. 码头或渡口						
		……					
	3. 镇内道路						
		……					
	……						
三、公用设施恢复费							
	1. 给水设施						
		……					
	2. 排水设施						
		……					
	3. 供电设施						
		……					
	4. 邮政和电信设施						
		……					
	5. 防洪设施						
		……					
	6. 农贸市场设施						
		……					
	7. 环卫设施						
		……					
	8. 消防设施						
		……					
	……						

附表七　　城镇迁建新址征地及基础设施建设投资计算表（书）

项　目	二级项目	三级项目	单位	数量	单价	投资（万元）	备注
城镇迁建补偿费							
一、新址征地和场地平整费							
	1. 新址征地						
		……					
	2. 场地平整						
		……					
二、对外交通及城镇内道路恢复费							
	1. 连接路						
		……					
	2. 街道						
		……					
	3. 码头						
		……					
	……						
三、市政公用设施恢复费							
	1. 给水设施						
		……					
	2. 排水设施						

项　　目	二级项目	三级项目	单位	数量	单价	投资（万元）	备注
		………					
	3. 供电设施						
		………					
	4. 防洪工程						
		………					
	5. 邮政和电信设施						
		………					
	6. 农贸市场						
		………					
	7. 环卫设施						
		………					
	8. 消防设施						
		………					
	9. 绿化						
		………					
	………						

附表八　　　　　　　　**工业企业迁建补偿费计算表（书）**

项　　目	二级项目	三级项目	单位	数量	单价	投资（万元）	备注
工业企业迁建补偿费							
	1. 新址征地		亩				
		………					

项　目	二级项目	三级项目	单位	数量	单价	投资（万元）	备注
	2. 场地平整费						
		……					
	3. 房屋及附属建筑物补偿费						
		……					
	4. 设施、设备补偿费						
		……					
	5. 搬迁运输费						
		……					
	6. 停产损失补偿费						
		……					

附表九　　　专业项目恢复改建补偿投资计算表（书）

项　目	二级项目	三级项目	单位	数量	单价	投资（万元）	备注
合计							
一、建筑工程							
	1. ……						
		……					
	……						
二、设备及安装工程							
	1. ……						
		……					

项　目	二级项目	三级项目	单位	数量	单价	投资（万元）	备注
	……						
三、施工临时工程费							
	1.……						
		……					
	……						
四、独立费用							
	1.……						
		……					
	……						
五、基本预备费							
	1.……						
		……					
	……						

附表十　　　　　　防护工程建设补偿投资计算表（书）

项　目	二级项目	三级项目	单位	数量	单价	投资（万元）	备注
合　计							
一、建筑工程							
	1.……						
		……					
	……						

项　目	二级项目	三级项目	单位	数量	单价	投资（万元）	备注
二、机电设备及安装工程							
	1.……						
		……					
	……						
三、金属结构设备及安装工程							
	1.……						
		……					
	……						
四、临时工程费							
	1.……						
		……					
	……						
五、独立费用							
	1.……						
		……					
	……						
六、基本预备费							
	1.……						
		……					
	……						

投 资 估 算

第八章 投资估算编制

一、项目划分

可行性研究报告阶段和项目建议书阶段投资估算的项目组成，一级、二级项目按本规定执行，三级、四级、五级项目可适当简化合并。

二、单价分析

（1）可行性研究报告阶段对土地、房屋等主要实物应进行单价分析；采用水利工程概（估）算编制办法和定额计算农村居民点、集镇的场地平整及新址挡护投资；城镇部分的基础设施，采用市政和相应行业概（估）算编制办法和定额，按迁建规划设计成果计列投资；对重要或投资较大的专业项目采用相应行业的概（估）算编制办法和定额，按典型设计估算单位造价，其他项目可采用同类工程的造价扩大指标估算投资；防护工程，采用水利行业的概（估）算编制办法和定额估算投资；库底清理按清理技术要求分项计算投资或按平方千米单价估算。

（2）项目建议书阶段应参照可行性研究报告阶段的要求，分析确定主要类别的土地和主要结构房屋补偿单价；参考同地区在建水利工程分析确定农村居民点基础设施和城（集）镇基础设施单价，专业项目、防护工程和库底清理等项目可采用同类工程的造价扩大指标估算投资。

三、预备费、分年度投资

（1）基本预备费。根据费率计算，计算公式为

基本预备费＝［农村部分＋城(集)镇部分＋库底清理＋其他费用］× H_1＋（工业企业＋专业项目＋防护工程）× H_2

项目建议书阶段 $H_1＝20\%$、$H_2＝10\%$，可行性研究报告阶段 $H_1＝16\%$、$H_2＝8\%$。

如果城（集）镇部分和库底清理投资中单独计算了基本预备费，则相应投资的基本预备费费率按 H_2 计算。

（2）价差预备费。应以分年度的静态投资（包括分年度支付的有关税费）为计算基数，按照枢纽工程概算编制所采用的价差预备费率计算，其计算公式与第六章第八节价差预备费的计算公式相同。

（3）分年度投资。应根据工程征收、征用土地计划和施工进度安排，编制移民搬迁安置总进度及其分年实施计划，确定各年度完成工作量，制定征地移民分期和分年度投资计划。

四、投资估算表格及其他

（1）投资估算表格包括单价分析表、各部分分项估算表、分项汇总表、投资估算总表、分年度投资计划表等，表格格式可参照概算表格式。

（2）附件应包括各有关部门的协议、合同和承诺等文件资料。